# 1三明治＋1湯＝
# 一人份的幸福早、午餐提案

奧村香代

### 作者序

決定「要試試看做麵包」後，就什麼都不懂地直接踏入料理教室學習，那是一間使用星野天然酵母北海道麵粉為素材的麵包教室。看著軟綿綿的麵團慢慢變膨，聞著剛出爐的麵包香味，品嚐著熱騰騰的美味，這一切的過程都讓我深受感動，立刻就愛上了自己動手做麵包。轉眼間已過了二十年，但至今我依然享受著動手做麵包的樂趣。也因為越做越入迷，不知不覺間做麵包也變成了我的工作。

在麵包店「Fluffy」開幕後，和每天都會來店裡的學生閒聊著，聽他們苦惱的說「午餐要吃什麼才好，真讓人困擾。」開啟了我決定要販售外帶三明治與湯品的契機。更為了讓客人能期待著「今天午餐是什麼呢？」，所以每天更換菜單。能讓用餐變成值得期待的幸福時光，不是件非常美好的事嗎？

動手做麵包的難度或許有點高，但如果是三明治和湯品的話，那

## 這本書所使用的 **麵包**

作法 p.90 ～ 95

### 法式小餐包

將麵團揉成圓形，再從中間塑形，最後放入烤箱，就是小餐包了。可從側邊切開，夾入內餡，就成了三明治。也可使用吐司、饅頭（發糕）等做為替換。

### 山型吐司

放入磅蛋糕模型中烤出的吐司，可切成八片使用，或是利用尺寸較小的特點，沿著長邊處切成薄片做成烤三明治。

### 熱狗麵包

將製作佛卡夏麵包的麵團揉成橢圓形後放入烤箱。有橄欖油、奶油、麻油 3 種口味。可從上端切開，採用如同大亨堡般的作法來做成三明治。

應該就能輕鬆完成了。所以在本書中，我盡可能不過度調味，保留食材單純的風味，製作簡單將食材夾入就 OK 的三明治（就像是在沒時間下廚時，以白飯拌鰹魚香鬆般輕鬆）。這些簡單清爽的三明治料理，只要與清湯組合起來，就能讓人大飽口福；就算是具有份量的三明治，搭配簡易濃湯也非常適合。

　　本書的目的就是要將「簡單又美味的組合」介紹給你。書中也有吐司的配方與作法等想像不到的內容，請一定要試著動手做做看。如果能自己動手做書中料理所使用的麵包當然是最完美的，但就算不是自己親手做的麵包，只要製作料理時，保持著期待品嚐美食的心情，而你也能感受到這小小的幸福，那就是我最開心的事。

Fluffy 店主 **奧村香代**

關於 **湯品**

本書湯品都不需要特別的材料，只要利用基本的素材，如水、湯品食材的肉（雞柳、絞肉等，塊狀、薄片均無妨）、再以蔬菜燉出美味的湯頭，簡簡單單就能完成。

湯頭部分，也有使用水加昆布、水加天然高湯包等組合。

為了做出喝不膩，又帶有清爽尾韻的湯品，本書的湯品完全不使用市售的人工高湯塊或雞湯塊。

## 使用法式小餐包

# contents

## 使用山型吐司

## 使用熱狗麵包

＊單位計量，1 杯＝ 200ml、1 大匙＝ 15ml、1 小匙＝ 5ml。

＊烤箱烤製所需的時間，會隨著機型有所不同，請依照實際狀況增減時間。

＊鹽巴使用的是天然鹽，橄欖油使用的是特級初榨橄欖油。

＊番茄部份若沒有特別標註，則使用中等大小的。

＊材料中有「高湯」部分，請使用水和天然高湯包製作。

　2 杯水放入 1 包天然高湯包後開火，煮至沸騰後轉中火煮 3 ～ 5 分鐘左右，熄火並取
　出天然高湯包，或者不用火煮，直接將水與天然高湯包放入冰箱靜置一晚也可以。

**使用法式小餐包**

# 花椰菜三明治

# ＋

# 羅宋湯

作法 p.08 · 09

a

b

# 花椰菜三明治

只要使用橄欖油、鹽巴和少許大蒜調味，
就是一款簡單又美味的人氣美食。

**材料：4 人分**

花椰菜…1/2 顆
大蒜…1/3 瓣
橄欖油…1 大匙
鹽…1/2 小匙
法式小餐包…4 個

**1：** 將花椰菜分成小朵，放入加入鹽巴（分量外）的熱水內汆燙，取出放在篩子上瀝乾水分。將瀝乾後的花椰菜放入食物調理機內（圖 a），打成泥狀。

**2：** 大蒜切成末，將蒜末與橄欖油放入平底鍋中以小火爆香，炒至冒出香味，但不要把蒜頭炒焦。

**3：** 將 **1** 的花椰菜泥倒入碗中，拌入 **2** 的蒜末橄欖油，再以鹽巴調味。

**4：** 將法式小餐包劃出開口，夾入 **3** 做為內餡即完成（圖 b）。

a

b

c

# 羅宋湯

帶有甜菜色彩的亮眼料理,是俄羅斯的基本款湯品。
也非常推薦加入酸奶油一起享用!

**材料:5 ～ 6 人分**

牛腿肉(燉煮用)…300g
洋蔥…1 顆
胡蘿蔔…1 條
甜菜(約一個拳頭大小)…1 顆
馬鈴薯…2 顆
高麗菜…1/6 顆
橄欖油…2 大匙
水…4 杯
月桂葉…1 片
鹽…1 又 1/2 小匙
酸奶油、蒔蘿…各少許

**1:** 牛肉切成易入口的大小;洋蔥切成薄片;胡蘿蔔去皮後切成絲;甜菜去皮後取一半切成絲(圖 a),另一半先放置一旁;馬鈴薯去皮後分成四等分;高麗菜切成絲。

**2:** 1 大匙橄欖油倒入鍋內後熱鍋,再放入洋蔥、胡蘿蔔、甜菜絲(圖 b)拌炒,接著加入分量的水、月桂葉後燉煮。

**3:** 1 大匙橄欖油倒入平底鍋內後熱鍋,將牛肉煎至表面上色後,放入 **2** 的鍋內轉中火,蓋上鍋蓋,煮至牛肉軟嫩為止(圖 c)。

**4:** 依序放入馬鈴薯、高麗菜。馬鈴薯煮軟後,將另一半的甜菜磨成泥,加進鍋子裡,以鹽巴調味。

**5:** 將湯品盛入碗中,放上酸奶油,以蒔蘿點綴即完成。

# 香菇三明治
## ＋
# 蔬菜燉鹽醃豬肉湯

作法 p.12 · 13

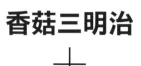

# 香菇三明治

以奶油、醬油的香氣帶出和風好滋味。
內餡是以搗碎的馬鈴薯為主。

**材料：4 人分**

鴻喜菇…1/4 包
洋蔥…1/4 顆
馬鈴薯…1 顆
奶油…20g
醬油…1 大匙
法式小餐包…4 個

**1**：鴻喜菇切除根蒂、分成小株；洋蔥切成薄片。

**2**：馬鈴薯連皮洗淨蒸熟，之後將馬鈴薯去皮，放入碗中搗成泥。

**3**：將奶油放入平底鍋內，待奶油融化後放入鴻喜菇、洋蔥一起拌炒，再淋入醬油調味。將 **2** 的馬鈴薯泥倒入鍋中（圖 a）後充分拌勻（圖 b）。

**4**：將法式小餐包劃出開口，夾入 **3** 做為內餡即完成（圖 c）。

a

b

c

# 蔬菜燉鹽醃豬肉湯

濃縮美味的鹽醃豬肉與大塊蔬菜的完美組合。
使用昆布高湯，讓口感更加清爽。

## 材料：4 人分

豬五花（整塊）…400g
洋蔥…1 顆
芹菜…1/2 根
胡蘿蔔…1 條
馬鈴薯…2 顆
大頭菜…2 顆
昆布高湯…1L
月桂葉…1 片
鹽…適量
顆粒芥末醬…適量

1：將豬五花肉切成 4cm 的塊狀，再均勻抹上 20g 鹽巴，
   放入塑膠袋內，在冰箱靜置一晚（圖 a）。隔日從冰箱
   取出後，以剛好覆蓋五花肉塊的水量將食材煮開（圖
   b），待煮沸後將水倒掉，同時將食材表面洗淨。
2：洋蔥切成瓣；芹菜切成約 2cm 長；胡蘿蔔去皮切成易
   入口的大小；馬鈴薯和大頭菜去皮後分成四等分。
3：將昆布高湯、豬五花肉、洋蔥、芹菜、胡蘿蔔、月桂葉
   放入鍋內開火，煮滾後轉小火，蓋上鍋蓋，將豬肉燉煮
   至軟嫩為止。
4：依序加入馬鈴薯、大頭菜，馬鈴薯煮軟後，以鹽巴調味
   （圖 c）。
5：將湯品盛入碗中，加入適量的顆粒芥末醬提味即完成。

a    b

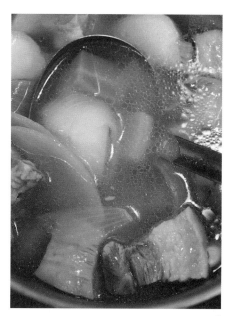

c

煙燻鮭魚三明治
＋
匈牙利牛肉湯

作法 p.16

鷹嘴豆咖哩三明治
＋
酪梨冷湯

作法 p.17

# 煙燻鮭魚三明治

將鮭魚生魚片抹上煙燻鹽，做成自製煙燻鮭魚片。
再搭配奶油起司，就是一道可口的三明治。

**材料：4 人分**
生鮭魚…1 片（約 100g）
煙燻鹽…1 小匙
紫洋蔥（或洋蔥）…適量
奶油起司…4 大匙
酸豆、蒔蘿…各少量
法式小餐包…4 個

1：將煙燻鹽均勻塗抹於生鮭魚片上（圖），以紙巾包起來並裹上保鮮膜，放入冰箱靜置一晚。
2：將 1 的鮭魚片切成薄片；紫洋蔥也切成薄片。
3：切開法式小餐包並抹上奶油起司，再夾入鮭魚、紫洋蔥，最後用酸豆、蒔蘿點綴即完成。

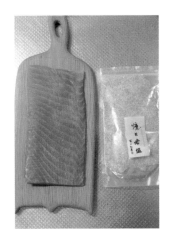

# 匈牙利牛肉湯

使用匈牙利紅辣椒粉所製作而成的湯品。
由於先將牛肉切成薄片，所以能在短時間內輕鬆完成。

**材料：4 人分**
牛後腿排薄片…300g
洋蔥…1 顆
彩椒（紅色）…1 顆
大蒜…1/2 瓣
番茄…1 顆
馬鈴薯…2 顆
橄欖油…1 大匙
紅酒…1/2 杯
水…3 杯
匈牙利紅辣椒粉…2 大匙
小茴香粉…1/3 小匙
月桂葉…1 片
鹽…適量

1：牛肉片切成約 2 ～ 3cm 寬；洋蔥切成薄片；彩椒去籽後切成絲；大蒜切成末；番茄略切成塊狀；馬鈴薯去皮後切成約 2cm 的半圓形。
2：用橄欖油熱鍋後，放入洋蔥、彩椒、大蒜拌炒（圖），再加入牛肉一起炒熟，倒入紅酒煮至沸騰後熄火。
3：在 2 中倒入分量的水，再次煮沸並撈除浮沫，接著加入匈牙利紅辣椒粉、小茴香粉、月桂葉、番茄、馬鈴薯後轉小火，蓋上鍋蓋燉煮至馬鈴薯熟軟。最後以鹽巴調味即完成。

材料：**4 人分**

煮好的乾燥鷹嘴豆*…100g
雞胸絞肉…200g
洋蔥…1/2 顆
生薑…1 節
大蒜…1 瓣
番茄…2 顆
橄欖油…1 大匙
咖哩粉…2 大匙
水…1 又 1/2 杯
月桂葉…1 片
鹽…適量
粗粒黑胡椒…1 小匙
法式小餐包…4 個

＊鷹嘴豆的煮法：將鷹嘴豆放入
　水中靜置一晚，再換水煮至沸
　騰後熄火，撈除浮沫，開小火
　煮至鷹嘴豆變軟為止。也可直
　接使用市售的鷹嘴豆罐頭。

# 鷹嘴豆咖哩三明治

用鷹嘴豆和雞胸絞肉作出
熱騰騰的乾式咖哩內餡。
也可以預先多做一些放在冷凍備用。

**1：** 將鷹嘴豆煮出汁；洋蔥、生薑、胡蘿蔔切成末；番茄
略切成塊狀。
**2：** 橄欖油倒入鍋內後熱鍋，放入洋蔥、生薑、胡蘿蔔拌
炒，待香味冒出時再加入絞肉繼續炒熟，接著拌入咖
哩粉炒出香氣，但要注意不要炒焦。
**3：** 加入分量的水、鷹嘴豆、番茄、月桂葉以中火煮至湯
汁收乾（圖），再以鹽巴、黑胡椒調味。
**4：** 將法式小餐包劃出開口，夾入 **3** 做為內餡。

# 酪梨冷湯

加入腰果創造出獨特的口感，是這道湯品的一大特色。
很適合搭配咖哩三明治一起享用。

a　　　　　　b

材料：**4 人分**

酪梨…1 顆
生腰果…20g
牛奶…2 杯
鹽…少許
橄欖油…少許

**1：** 酪梨對切後，去皮去籽。
**2：** 將腰果放入食物調理機打成泥狀，接著放入酪梨
（圖 a），再攪拌一次。
**3：** 在 **2** 內加入牛奶（圖 b）拌成泥狀，以鹽巴調味。
**4：** 將湯品盛入碗中，以畫圓的方式淋上橄欖油。

南瓜水切優格三明治
＋
鹹檸檬雞肉湯

作法 p.20

# 香蕉奶油起司三明治

## ＋

# 秋葵濃湯

作法 p.21

# 南瓜水切優格三明治

蒸南瓜和水切優格的組合就是好吃！
水切優格也可用奶油起司取代。

**材料：4 人分**

水切優格（容易製作的分量）
　無糖優格…1 包（500g）
南瓜…1/6 顆
法式小餐包…4 個

1：製作水切優格：在咖啡濾杯內鋪上濾紙後放入無糖優格，靜置約 5 小時將水分瀝乾（圖），就是自製的水切優格。
2：南瓜挖除籽與內膜並去除外皮，切成適當的大小後蒸熟，放在碗中搗成泥。
3：待南瓜泥稍稍放涼後，加入 2 大匙水切優格拌勻。
4：將法式小餐包劃出開口，夾入 3 做為內餡。

# 鹹檸檬雞肉湯

鹹檸檬和薑黃所製作的清爽湯品。
雞肉使用能熬煮出雞骨甜味的部分（本食譜使用小雞腿）。

a

**材料：4 人分**

小雞腿…8 支
洋蔥…1/2 顆
芹菜…1/2 根
大蒜…1/2 瓣
櫛瓜…1 條

鹹檸檬*…約 1/8 顆的份量
橄欖油…適量
薑黃…1 大匙
水…3 杯
月桂葉…1 片
鹽…少許

b

＊鹹檸檬的作法：將三顆檸檬切成半圓形或塊狀後，與 150g 粗鹽（天然鹽）相互交疊地放入保存瓶內（即一層檸檬一小層鹽），最上層要以粗鹽覆蓋住檸檬，再蓋上蓋子。接著將瓶子上下搖動，讓粗鹽遍佈罐內。於置於陰涼處可保存 1 周以上（圖 a），放於冰箱內則可保存 1 年左右。

1：先將洋蔥、芹菜切成薄片，再切成丁狀；大蒜切成末；櫛瓜切成厚 2cm 的半圓形；鹹檸檬則放入茶包袋內。
2：橄欖油倒入平底鍋內熱鍋，再放入小雞腿，煎烤至表皮略成焦黃色。
3：1 大匙橄欖油放入鍋內熱鍋，放入洋蔥、芹菜、大蒜拌炒，最後放入薑黃炒熟，倒入分量的水。
4：煮至沸騰後放入小雞腿、月桂葉、櫛瓜、再放入用茶包袋裝好的鹹檸檬（圖 b），煮至小雞腿變軟，最後以鹽巴調味即完成。

# 香蕉奶油起司三明治

在奶油起司內加入蜂蜜增加口感的豐富度。
也可在香蕉上撒些肉桂增加香味。

**材料：4 人分**

香蕉…1 根
奶油起司…4 大匙
蜂蜜…2 小匙
肉桂粉…少許
薄荷葉…少許
法式小餐包…4 個

1：香蕉斜切成薄片；奶油起司與蜂蜜充分拌勻（圖）。
2：將法式小餐包劃出開口，抹上 **1** 的奶油起司，再放入香蕉片，撒上肉桂粉、最後點綴上薄荷葉即完成。

# 秋葵濃湯

以秋葵製作出美國南部的家鄉味。
帶點辛辣的口感是這道湯品的一大特色。

**材料：4 人分**

雞胸絞肉…200g
雞肉調味
　┌ 鹽…1/2 小匙
　│ 紐奧良調味粉 Cajun
　└ 　（市售＊）…1/2 小匙
甜蝦（去頭、帶殼）…8 隻
洋蔥…1/2 顆
芹菜…1/2 根
彩椒（黃色）…1/2 顆
大蒜…1/2 瓣
番茄…2 顆
秋葵…1 條

橄欖油…1 大匙
紐奧良調味粉 Cajun
　（市售＊）…2 大匙
水…3 杯
鹽…少許

＊紐奧良調味粉 Cajun：是一種混和調味料。如果要自行調配可使用紅椒粉、辣椒粉（cayenne pepper）、大蒜粉、香芹粉、百里香粉以及粗粒黑胡椒等依個人喜好混合製作。

1：將雞胸絞肉放入碗內，加入雞肉的調味後充分混勻。
2：甜蝦去殼並挑出腸泥後，放入鹽 1/2 小匙、1 匙太白粉（各為分量外）充分搓揉後洗淨，再以紙巾擦拭去除水分。
3：將洋蔥、芹菜、彩椒切成 2cm 的丁狀；大蒜切成末。
4：番茄略切成塊；秋葵切成 2cm 長的段。
5：橄欖油放入鍋內熱鍋後，將 **3** 倒入鍋內拌炒，加入紐奧良調味粉、番茄及水，煮至沸騰後熄火；將 **1** 的雞胸絞肉搓揉成丸狀放入鍋中（圖）；接著放入 **2** 的甜蝦、待秋葵煮至熟透，再以鹽巴調味即完成。

# 茄子泥三明治
# ＋
# 多料的民族風味湯

作法 p.24

# 炒牛蒡吐司三明治

## ＋

# 豬肉味噌湯

作法 p.25

# 茄子泥三明治

將烤茄子磨成泥，融在口中的香氣讓人一吃就上癮。
是款非常適合夏季享用的美食。

**材料：4 人分**

茄子…2 條
白芝麻醬…1 大匙
鹽…少許
生菜…4 片
番茄（切薄片）…8 片
薄荷葉…少許
法式小餐包…4 個

**1：** 將茄子烤至外表整個變黑為止，趁熱將蒂頭切掉，剝除外皮。
**2：** 將 1 的茄子放入食物調理機內，加入白芝麻醬後攪拌至泥狀（圖），再以鹽巴調味。
**3：** 從側面將麵包對切切開，依序放入生菜、番茄、茄子泥，點綴上薄荷葉即完成。

# 多料的民族風味湯

以大量的蔬菜、羊羔肉、鷹嘴豆所製作而成，是道相當具有分量的料理。
蔬菜可隨個人喜歡，羊羔肉也可以雞肉或牛肉來代替。

**材料：5 ～ 6 人分**

羊羔肉…300g
洋蔥…1 顆
白蘿蔔…1 段（約 10cm 長）
胡蘿蔔…1 條
水煮番茄（罐頭）…1/2 罐
大蒜（拍成泥狀）…1 瓣
生薑（拍成泥狀）…1 節
乾燥鷹嘴豆（泡發*）…30g

香料
芫荽籽粉…1 大匙
茴香粉…1 大匙
薑黃粉…1 大匙
粗粒黑胡椒…1/2 小匙
月桂葉…1 片
橄欖油…1 大匙
水…3 杯
高麗菜、南瓜、櫛瓜、花椰菜等
　依個人喜好…適量
鹽…1 又 1/2 小匙

＊鷹嘴豆泡發的方法：將鷹嘴豆浸泡
　於水中靜置一晚，之後將水分瀝乾
　即可。

**1：** 將羊羔肉切成易入口的大小；洋蔥切成瓣；白蘿蔔、胡蘿蔔去皮後切成易入口的大小；壓碎水煮番茄；準備好香料（圖 a）。
**2：** 橄欖油倒入鍋內熱鍋後，放入羊羔肉、洋蔥拌炒，再加入香料（圖 b），接著放入大蒜、生薑炒熟，但注意不要將食材炒焦。
**3：** 加入分量的水、水煮番茄、鷹嘴豆、白蘿蔔、胡蘿蔔，以小火煮約 1 小時左右，至鷹嘴豆變軟為止。
**4：** 將切成易入口大小的高麗菜、南瓜、櫛瓜、花椰菜放入鍋內，煮至熟透後以鹽巴調味即完成。

a　　　　　b

# 炒牛蒡吐司三明治

塗抹上奶油的法式小餐包，與帶點鹹甜口味的炒牛蒡是絕佳組合。
此款三明治非常適合搭配豬肉味噌湯一起享用。

**材料：4 人分**

牛蒡…1/2 根
胡蘿蔔…1/2 條
麻油…1 大匙
砂糖…1 大匙
酒…1 小匙
醬油…2 大匙
炒過的白芝麻…2 小匙
奶油…適量
綠紫蘇…4 片
法式小餐包…4 個

**1：**將牛蒡與胡蘿蔔去皮後各別切成絲。

**2：**麻油倒入平底鍋內熱鍋後，加入 **1** 拌炒；再加入砂糖、酒、醬油，煮至水份收乾後加入芝麻拌炒。

**3：**從側面將麵包對切切開，放入烤箱烤至酥脆，抹上奶油，鋪上綠紫蘇、放上炒牛蒡（圖），蓋上另一片麵包即完成。

# 豬肉味噌湯

加入豬肉、根莖類蔬菜、香菇、蒟蒻、豆腐及油豆腐等各種湯料，
讓蔬菜量瞬間被補足，身體也會變得更加健康。

**材料：4 人分**

豬五花薄片…100g
白蘿蔔…1 段（約 5cm 長）
胡蘿蔔…1/3 條
牛蒡…1 段（10cm 長）
生香菇…2 朵
芋頭（小型）…2 顆
蒟蒻…100g
油豆腐…1/2 片
豆腐…1/2 盒
麻油…1 大匙
高湯…3 大杯
味噌…2 ～ 3 大匙
長蔥（切成小段）…1/2 根
生薑（拍成泥狀）…適量
青蔥（切成小段）…少許

**1：**豬肉片切成寬 1cm；白蘿蔔、胡蘿蔔、芋頭去皮後分別切成約 5mm 的 1/4 圓形；牛蒡削皮後，斜切成薄片；香菇去掉蒂頭切成薄片；蒟蒻切約 5mm 厚，再以水煮去除鹼味；油豆腐煮熟後切成 5mm 寬的長方形薄片；豆腐依壓線切開。

**2：**麻油倒入鍋中熱鍋後，加入豬肉、白蘿蔔、胡蘿蔔、牛蒡拌炒，再加入高湯、芋頭、香菇、蒟蒻、油豆腐。

**3：**待蔬菜煮透後加入豆腐，接著放入味噌燉煮，熄火後撒上長蔥。

**4：**將湯品盛入碗中，點綴生薑泥和青蔥即完成。

紅燒肉三明治
＋
蛋花湯

作法 p.28・29

# 紅燒肉三明治

將使用炸洋蔥絲調味的紅燒肉，
夾入麵包後再放入電鍋中蒸一下，吃起來有肉包的口感。

材料：**4 人分**

豬五花（整塊）…400g
水…1 又 1/2 杯
砂糖…2 大匙
醬油…2 大匙
炸洋蔥絲（市售）…2 大匙
太白粉水…少許
法式小餐包…4 個

a

b

c

**1：**豬五花放入鍋中，倒入略為淹過食材的水量後開火
（圖 a），煮好後取出放在篩子上瀝乾水分，並將食
材表面洗淨。

**2：**將 **1** 的豬五花切成厚約 1cm 的片狀（圖 b），放入鍋
中，加入分量的水、砂糖、醬油、1 大匙炸洋蔥絲，
開火煮至沸騰後轉小火再煮約 30 分鐘左右。

**3：**將豬肉與湯汁分開，待湯汁稍微變冷後放入冰箱內冷
卻，去掉上方凝固的油脂。

**4：**將 **3** 的湯汁倒入鍋內，加入 1 大匙炸洋蔥絲後煮至湯
汁稍微收乾，再加入太白粉水勾芡。

**5：**從側面將麵包對切切開，夾入豬肉片，放入蒸籠內蒸
5 分鐘左右。（圖 c）

**6：**蒸好後取出盛盤，並在紅燒肉上淋 **4** 所製作成的醬汁
（圖 d、e）。

d　　　　　　e

**材料：4 人分**

雞蛋…1 顆
番茄…2 顆
長蔥…1 段（約 10cm 長）
生薑…1 節
鴻喜菇…1/2 包
麻油…1 大匙
高湯…3 杯
櫻花蝦…1 小撮
醬油…2 大匙
鹽…少許
太白粉水…少許

# 蛋花湯

**美味的關鍵在於，以麻油將長蔥和生薑炒出香味，
水煮鴻喜菇則可以增加湯頭的層次。**

**1：**將雞蛋打入碗內拌散；番茄略切成塊；長蔥和生薑切成
末；鴻喜菇切除根蒂分成小株。

**2：**麻油倒入鍋內熱鍋後，加入長蔥、生薑末拌炒，待冒出
香氣後加入高湯、鴻喜菇轉中火。

**3：**將鴻喜菇煮熟後，依序加入番茄、櫻花蝦，再以鹽巴、
醬油調味。

**4：**煮至沸騰後加入太白粉水勾芡，以畫圈狀倒入 **1** 的蛋液
（圖），待形成蛋花後熄火即完成。

胡麻風味馬鈴薯三明治

＋

韓式辣牛肉湯

作法 p.32

蓮藕沙拉三明治
＋
韓式人蔘雞湯
作法 p.33

# 胡麻風味馬鈴薯三明治

在混入荏胡麻葉的馬鈴薯泥中，
加入口味較重的麻油與清爽的鹽巴。
也可用綠紫蘇葉取代荏胡麻葉。

**材料：4 人分**

馬鈴薯…2 顆
麻油…1 小匙
鹽…1/2 小匙
荏胡麻葉（或綠紫蘇葉）…2 片
法式小餐包…4 顆

1：馬鈴薯連皮洗淨，蒸熟後去皮放入碗中搗碎。
準備麻油、鹽、荏胡麻葉備用（圖）。

2：待馬鈴薯稍稍降溫後，加入麻油和鹽巴調味，
再將荏胡麻葉切成絲後，放入馬鈴薯泥中充分
拌勻。

3：將小餐包劃出開口，夾入 **2** 做為內餡即完成。

# 韓式辣牛肉湯

富含蔬菜和牛肉的韓式湯品。
牛肉部分的美味關鍵，在於使用了韓式辣醬調味。
非常適合搭配馬鈴薯沙拉三明治一起享用。

**材料：4 人分**

牛肉薄片…200g
牛肉調味
 ┌ 韓式辣醬…2 大匙
 ├ 醬油…1 大匙
 └ 大蒜…1 瓣（拍成泥狀）
金針菇…1 包
白蘿蔔…1 段（約 3cm 長）
生香菇…2 朵
韭菜…5 根
長蔥…1/2 根
豆芽菜…1 包
麻油…1 大匙
水…3 杯
味噌…1 大匙
炒過的白芝麻…2 大匙

1：牛肉切成 1cm 寬後放入碗內，加入幫牛肉調味的醬料
後，以手搓揉後靜置使其入味。

2：切除金針菇根蒂，切成小段；白蘿蔔去皮後，切成約
1cm 寬的條狀；香菇去除梗部後切成薄片；韭菜切成約
2～3cm 長；長蔥切成小段。

3：麻油倒入鍋內熱鍋後，放入 **1** 的牛肉拌炒至微熟，但要
小心不要炒焦。加入分量的水、金針菇（圖 a），再放
入白蘿蔔、香菇、味噌、芝麻後燉煮。

4：待白蘿蔔煮熟後，放入豆芽菜拌勻（圖 b），最後加入
長蔥、韭菜稍微煮一下即完成。

**a**

**b**

# 蓮藕沙拉三明治

以鹽巴和麻油調味，製作出爽脆可口的蓮藕。
非常適合搭配烤過的麵包一起食用。

**材料：4 人分**

蓮藕…1 段（10cm 長）
鴻喜菇…1/4 包
青蔥…1 ~ 2 根
　（若有的話，切成小段）
麻油…少於 1 大匙
鹽…少許
韭菜…少許
法式小餐包…4 個

1：蓮藕去皮切成薄片；韭菜放入醋水（分量外）內；鴻喜菇去除根蒂後分成小株。
2：將 **1** 的食材以熱水汆燙，再取出放於篩子上瀝乾水分（圖）。
3：將 **2** 的食材放入碗內，加入青蔥、麻油、鹽巴拌勻。
4：從側面將麵包對切切開，放入烤箱稍微烤一下，夾入 **3** 做為內餡即完成。

# 韓式人蔘雞湯

韓國最滋補的湯品「人蔘雞湯」簡易版，
以大麥做勾芡是製作的要點之一。

**材料：4 人分**

帶骨雞胸肉…2 條
　（切成塊狀，水煮用）
牛蒡…1 段（約 5 ~ 6cm 長）
大蒜…1 瓣
生薑…1/2 節
長蔥…1/2 根（只取青色部分）
銀杏*…10 粒
大麥…1 大匙
水…4 杯
鹽…適量
青蔥…少許
　（若有的話，切成小段）

＊如果沒有生銀杏，也可以使用水煮
　過的銀杏。

1：雞肉放入水中靜置 30 至 60 分鐘左右將血洗淨，再放入水中汆燙，取出後置於篩子上瀝乾水分；牛蒡削皮後切成絲，靜置於水中；大蒜搗碎；生薑切成薄片；將長蔥的蔥青部分切下備用；輕輕地將銀杏去皮；備好大麥。
2：將分量的水倒入鍋內，放入雞肉、牛蒡、大蒜、生薑、長蔥後開火，煮至沸騰後撈除浮沫。
3：將銀杏、大麥放入 **2** 中，以中火煮至雞肉變軟為止，將長蔥、生薑撈起後以鹽巴調味。
4：將湯品盛入碗中，撒上青蔥即完成。

使用山型吐司

# 四季豆
# 蛋沙拉三明治

＋

# 椰奶咖哩雞湯

作法 p.36・37

# 四季豆蛋沙拉三明治

吐司夾蛋沙拉拌四季豆
是基本款的人氣餐點。
加點顆粒黃芥末醬會更好吃！

## 材料：4 人分

雞蛋…3 顆
四季豆…10 條
美乃滋…2 ～ 3 大匙
鹽、粗粒黑胡椒…各適量
山型吐司（切片）…8 片

1：水煮蛋去殼後切成丁。

2：四季豆汆燙後瀝乾水分，再切成小段。

3：將 1 和 2 放入碗內，加入美乃滋、粗粒黑胡
　 椒後充分拌勻，再以鹽巴調味。

4：將吐司放入烤箱中烤一下，取兩片為一組，
　 夾入 3 做為內餡（圖），再切成易入口的大
　 小即完成。

a

b

# 椰奶咖哩雞湯

以椰奶製作出口感極佳的湯品。

快速拌炒不讓咖哩粉結塊，是製作的要點之一。

### 材料：4 人分

小雞腿…8 支

大蒜…1 瓣

生薑…1 節

洋蔥…1 顆

番茄…2 顆

馬鈴薯…2 顆

彩椒（紅色）…1 顆

橄欖油…1 大匙

咖哩粉…2 大匙

水…2 杯

椰奶（罐頭）…1/2 罐（約 200g）

鹽…適量

**1**：大蒜、生薑各別切成末；洋蔥略切成 1cm 寬；番茄切成粗塊；馬鈴薯去皮分成四等份；彩椒去籽後切成絲。

**2**：橄欖油倒入鍋內後熱鍋，大蒜、生薑炒至冒出香味後，加入洋蔥拌炒。

**3**：加入小雞腿微煎一下，撒入咖哩粉後充分拌炒（圖 a），待冒出香味後，倒入分量的水與番茄塊一起煮開，再放入馬鈴薯燉煮。

**4**：待雞肉、馬鈴薯變軟後，加入彩椒，倒入椰奶（圖 b），煮至沸騰後熄火，再以鹽巴調味即完成。

自家製鮪魚三明治
＋
南瓜濃湯

作法 p.40

地瓜、胡蘿蔔、茅屋起司三明治
＋
白酒燉蘑菇雞肉湯

作法 p.41

# 自家製鮪魚三明治

使用鮪魚或鰹魚生魚片製作的三明治，讓人有些得意。
搭配水煮蛋一起品嘗會加倍美味！

a

b

**材料：4 人分**

自製鮪魚餡料
- 鮪魚（或是鰹魚）
  生魚片…1 片（約 200g）
- 水…1 杯
- 鹽…1 小匙
- 橄欖油…2 大匙
- 芹菜粉…1 小匙
- 月桂葉…1 片

水煮蛋…2 顆
洋蔥…1/2 顆
巴西利…1 小枝
橄欖油…1 大匙
鹽…適量
山型吐司（切片）…8 片

**1：**製作鮪魚餡料：將分量的水、鹽、橄欖油、芹菜粉、月桂葉倒入鍋內後開火煮沸，放入切成 2cm 丁狀的鮪魚（圖 a），煮至鮪魚變熟為止，接著連同湯汁倒入保存容器中，放入冰箱靜置一晚使其入味。

**2：**將 **1** 的鮪魚餡料稍稍拌開；水煮蛋粗切成塊；洋蔥切成薄片後，靜置於水中，再取出瀝乾水分；巴西利粗切成末。

**3：**將 **2** 和水煮蛋倒入碗內，加入橄欖油拌勻（圖 b），再以鹽巴調味。

**4：**兩片吐司為一組，夾入 **3** 做為內餡，再切成易入口的大小即完成。

# 南瓜濃湯

連皮一起製作出橘黃色的南瓜湯。
這款帶點甜味的濃郁湯品，對身體非常有益處。

**材料：4 人分**

南瓜…1/4 顆
洋蔥…1/2 顆
橄欖油…1 大匙
水…適量
牛奶…2 杯
鹽…少許
砂糖…微量

**1：**南瓜去籽與內膜後，略切成塊；洋蔥也略切成塊。

**2：**橄欖油倒入鍋內熱鍋後，放入洋蔥拌炒，加入南瓜，以剛好蓋過食材的水量（1 又 1/2 杯左右），轉中火煮至南瓜變軟為止。

**3：**將 **2** 倒入食物調理機內（圖）攪成泥狀。

**4：**將 **3** 倒入鍋中，並加入牛奶拌勻後一起加熱，再以鹽巴調味。（如果南瓜味道偏淡的話，可加入砂糖調味）。

# 地瓜、胡蘿蔔、茅屋起司三明治

以鹹檸檬煮地瓜與胡蘿蔔放涼後一起作成沙拉，
再以牛奶製作茅屋起司，是道營養滿分的料理！

**材料：4 人分**

地瓜（小）…1 條
鹹檸檬（參照 p.20）…1/8 個
胡蘿蔔…1 條
鹽…少於 1/2 小匙
醋…1 大匙
蜂蜜…2 小匙
自製茅屋起司（cottage cheese）
┌ 牛奶…250ml
└ 醋…1 大匙
山型吐司（切片）…8 片

1：製作茅屋起司：牛奶倒入鍋內加熱至 60 度左右熄火，加入醋以耐熱刮刀拌勻靜置，不久後牛奶會結塊（即牛奶的固體與液體分離），待其結塊分離後使用咖啡濾杯（圖）將液體的部份濾除，剩下的固體部份則移入碗內搗碎。

2：地瓜切成 5mm 厚的圓片放入鍋中，加入略微覆蓋食材分量的水，放入鹹檸檬開小火，煮至食材變軟為止。

3：胡蘿蔔去皮切成細絲，抹上鹽巴，靜置一會後瀝乾水分，再加入醋和蜂蜜拌勻。

4：將吐司放入烤箱中烤一下，取兩片為一組，依序夾入 **2、3、1** 做為內餡即完成。

# 白酒燉蘑菇雞肉湯

雞肉和香菇的美味融入順口的白酒中，是款帶點大人味的湯品。
如果不太能喝酒的話，可將白酒的量改為 **1** 杯，其餘部分以水取代。

**材料：4 人分**

雞胸肉…1 塊
蘑菇…12 個
洋蔥…1 顆
大蒜…1/2 瓣
橄欖油…1 大匙

麵粉…1 大匙
白酒…1 又 1/2 杯
水…3 杯
月桂葉…1 片
百里香…1 ～ 2 枝
鹽…少許

1：雞胸肉去皮後，切成易入口的大小；蘑菇去除根蒂後對切；洋蔥切成 2cm 的丁狀；大蒜切成末。

2：橄欖油倒入鍋內後熱鍋，放入大蒜、洋蔥拌炒，再加入雞胸肉炒至表面上色為止。

3：加入蘑菇和麵粉拌炒，拌炒時要注意不要讓麵粉結塊，同時也不要炒焦。

4：加入白酒，煮至沸騰讓酒精揮發，加入分量的水、月桂葉、百里香燉煮，再以鹽巴調味即完成。

法式火腿起司吐司

＋

義大利雜菜湯

作法 p.44

普羅旺斯雜燴
披薩吐司
＋
醃小黃瓜雞湯

作法 p.45

# 法式火腿起司吐司

手作白醬是美味的關鍵。
為了降低油量，增加清爽度，
使用葡萄籽油製作，是我的獨家秘方！

**材料：4 人分**

白醬
- 麵粉…4 大匙
- 葡萄籽油（如果沒有的話，
  可改用橄欖油）…2 又 1/2 大匙
- 牛奶…2 杯
- 鹽…1 小匙

生火腿…4 片
葛瑞爾起司（Gruyere）…80g
（切成八等分）
山型吐司（切片）…8 片

a

b

1：製作白醬：開中火預熱平底鍋，放入麵粉、葡萄籽油後，以耐熱刮刀拌勻，一邊慢慢加入牛奶，一邊攪拌，以鹽巴調味。

2：取 4 片吐司抹上適量的白醬，放在鋪有烘焙紙的烤盤上，再疊上生火腿（圖 a）及 1 片葛瑞爾起司。

3：剩下的 4 片吐司也抹上適量的白醬，放上 1 片葛瑞爾起司，疊在 2 的吐司上（圖 b）。

4：放入 200 度的烤箱中，烤約 15 分左右。如果使用小烤箱製作，為了避免表面烤焦，可覆蓋上錫箔紙。烤好後將吐司對切即完成。

# 義大利雜菜湯

以地瓜取代馬鈴薯，增加湯品的甘甜味。
使用昆布做為高湯，引出蔬菜本身的美味。

**材料：4 人分**

洋蔥…1/2 顆
芹菜…1 小段（約 5cm 長）
胡蘿蔔…1 小段（約 5cm 長）
彩椒（黃色）…1/2 顆
櫛瓜…1 小段（約 5cm 長）
茄子…1 條
地瓜…1 顆（約 5cm 大小）
大頭菜…1 顆（小）

高麗菜…1/8 顆
蘑菇…5 朵
橄欖油…1 大匙
水煮番茄（罐頭）…1/2 罐
昆布高湯…3 杯
月桂葉…1 片
鹽…少許
百里香（若有的話）…少許

1：除了蘑菇以外的蔬菜，全都切成 2cm 的丁狀；蘑菇去除根蒂後對切。

2：橄欖油倒入鍋內後熱鍋，放入洋蔥、芹菜、胡蘿蔔、青椒、櫛瓜、茄子、蘑菇後拌炒，將水煮番茄捏碎後放入鍋中，加入昆布高湯、月桂葉、地瓜後燉煮。

3：待地瓜煮至變軟後，加入大頭菜、高麗菜燉煮，待大頭菜也煮熟之後，以鹽巴調味。

4：將湯品盛入碗中，點綴上百里香即完成。

# 普羅旺斯雜燴披薩吐司

普羅旺斯雜燴是以帶有水分的蔬菜燉煮而成，將蔬菜的天然美味全部保留下來。
以冷藏保存可放置 4 到 5 天，平時可多做一些當做常備菜使用。

**材料：4 人分**

普羅旺斯雜燴（容易製作的分量）
- 洋蔥…1 顆
- 芹菜…1/2 根
- 杏鮑菇…2 朵
- 彩椒（黃色）…1 個
- 櫛瓜…1 顆
- 茄子…2 條
- 小玉米（若有的話）…4 條
- 水煮番茄（罐頭）…1 罐（400g）
- 橄欖油…2 大匙
- 鹽…1/2 小匙
- 醋…1 大匙

起司絲…適量
山型吐司（橫切）…4 片

a

b

1：製作普羅旺斯雜燴：分別將蔬菜切成 2cm 的丁狀；水煮番茄倒入鍋中，以小火燉煮至水分揮發為止。

2：橄欖油倒入鍋內後熱鍋，放入洋蔥、芹菜炒至上色後，加入杏鮑菇、彩椒、櫛瓜繼續拌炒。

3：依序加入茄子、小玉米，再放入 **1** 的水煮番茄後翻勻（圖 a），以鹽巴調味，完成後加入醋拌勻即完成。

4：取適量普羅旺斯雜燴鋪於吐司上，再鋪上起司絲（圖 b），放入 200 度的烤箱內，也可放入小烤箱內烤至起司絲融化即可。

# 醃小黃瓜雞湯

使用雞柳燉煮的高湯做為湯底，不需加其他調味就十分可口。
加入醃漬小黃瓜則美味再加倍。

**材料：4 人分**

雞柳…4 條
水…4 杯
洋蔥…1/2 顆
鴻喜菇…1 包
醃漬小黃瓜（約 8 ～ 10cm）…2 條
鹽…少許
蒔蘿…少許（切成末）

1：將分量的水倒入鍋內開火，煮至沸騰後放入雞柳，蓋上鍋蓋，以中火煮 1 分鐘左右熄火，再靜置 20 分左右將雞柳燜熟。

2：取出 **1** 的雞柳以手撥成小塊；洋蔥切成約 2cm 的丁狀；鴻喜菇去除根蒂分成小株；醃漬小黃瓜切成丁。

3：將 **1** 的湯汁倒入鍋中，放入洋蔥、鴻喜菇後開火，待煮熟後放入小黃瓜（圖），加入雞柳，再以鹽巴調味。

4：將湯品盛入碗中，撒上蒔蘿即完成。

甜菜&酸奶油吐司三明治

＋

牛肉濃湯

作法 p.48・49

a　　　　　　　　　　　　　　　　b

# 甜菜 & 酸奶油吐司三明治

烤過的甜菜薄片與拌入蒔蘿的酸奶油，
最適合夾入香噴噴剛烤好的吐司。

**材料：4 人分**

甜菜…1 個（約一個拳頭大小）
酸奶油…4 大匙左右
蒔蘿…1 小枝
山型吐司（切片）…8 片

**1：** 甜菜連皮洗淨後以錫箔紙包裹起來，放入 200 度的烤箱內，約烤 1 個小時左右，烤至內裡熟透，稍稍放涼後去皮（圖 a），切成 5mm 厚。

**2：** 蒔蘿切成末，放入酸奶油內拌勻。

**3：** 將吐司放入烤箱中略烤一下，取兩片為一組，先取一片吐司鋪上適量的甜菜片，再抹上 **2** 的酸奶油（圖 b），最後疊上另一片吐司即完成。

# 牛肉濃湯

這道湯品和三明治料理是絕妙組合。
也可將濃湯當做麵包的沾醬使用。
美味的秘密就在於加入醬油與味噌進行調味。

**材料：4 人分**

牛腱（燉煮用）⋯500g
洋蔥⋯2 顆
芹菜⋯1/2 根
胡蘿蔔⋯1 條
馬鈴薯⋯2 顆
蘑菇⋯6 朵
橄欖油⋯2 大匙
紅酒⋯1 杯
水煮番茄（罐頭）⋯1 罐（約 400g）
水⋯2 杯
月桂葉⋯1 片
醬油⋯1/2 大匙
砂糖⋯1 大匙
味噌⋯1 大匙
鹽⋯少許
花椰菜（汆燙）⋯8 朵

**1**：牛肉切成易入口的大小；取 1 顆洋蔥與芹菜分別切成末；再取 1 顆洋蔥切成瓣；胡蘿蔔去皮切成易入口的大小；馬鈴薯去皮分成四等分；蘑菇去掉根蒂。

**2**：橄欖油倒入鍋內熱鍋後，放入洋蔥末、芹菜拌炒；再加入牛肉炒至表面上色為止（圖 a）。

**3**：紅酒倒入 **2** 內（圖 b），煮沸後加入捏碎的水煮番茄、分量的水、胡蘿蔔、蘑菇、月桂葉、醬油、砂糖、味噌（圖 b），燉煮至牛肉變軟為止。

**4**：加入馬鈴薯、切成瓣的洋蔥，燉煮至馬鈴薯變軟，再以鹽巴調味。

**5**：將湯品盛入碗中，點綴上花椰菜即完成。

a　　　　　　　　　　b　　　　　　　　　　c

# 小黃瓜三明治
## ＋
# 愛爾蘭燉肉湯
作法 p.52

**馬鈴薯三明治**

＋

**高麗菜捲**

作法 p.53

# 小黃瓜三明治

這款人氣美食，只要將小黃瓜切成薄片，再夾入吐司內就 OK。
一定要在吐司裡抹上黃芥末奶油，這可是美味的關鍵！

材料：4 人分

小黃瓜…1 條
黃芥末奶油
┌ 奶油（常溫下）…20g
└ 黃芥末條…1/3 小匙左右
山型吐司（切片）…12 片

1：將小黃瓜切成 2 至 3 段，再橫切成約 2mm 厚的
　　薄片。
2：將黃芥末奶油的素材充分拌勻。
3：吐司取三片為一組，將小黃瓜兩面抹上黃芥末奶
　　油夾入吐司內，最後切成易入口的大小即完成。

# 愛爾蘭燉肉湯

以羔羊腿肉、馬鈴薯、洋蔥製作而成的湯品。
是道愛爾蘭常見的家庭料理。

材料：4 人分

羔羊腿肉…500g
洋蔥…1 顆
馬鈴薯…3 顆
月桂葉…2 片
水…4 杯
百里香粉…1/2 小匙
鹽…適量
巴西利（切碎）…少許

1：羔羊腿肉切成易入口的大小；洋蔥切成 1cm 厚
　　的塊狀；馬鈴薯去皮也切成 1cm 厚的丁。
2：依序將洋蔥、馬鈴薯、羔羊腿肉、洋蔥鋪入鍋
　　內，再擺入月桂葉，倒入分量的水開中火，煮至
　　沸騰後熄火撈除浮沫，再撒上百里香粉。
3：開小火，將馬鈴薯燉煮至軟爛的泥狀，再以鹽巴
　　調味。
4：將湯品盛入碗中，撒上巴西利即完成。

# 馬鈴薯沙拉三明治

將胡蘿蔔、小黃瓜搓入鹽巴去除水分，
洋蔥放在水中靜置後瀝乾水分，是此料理的製作要點。

## 材料：4 人分

馬鈴薯…2 顆
胡蘿蔔…1 段（約 2cm 長）
小黃瓜…1 段（約 5cm 長）
洋蔥…1/4 顆
美乃滋…2 ～ 3 大匙
鹽…少許
山型吐司（切片）…8 片

1：馬鈴薯連皮放入水中煮熟後去皮，放入碗中搗碎。
2：胡蘿蔔去皮切成絲；小黃瓜切成薄片；分別在胡蘿蔔絲和
　　小黃瓜片內搓入鹽巴（分量外）去除水分；洋蔥放在水中
　　靜置一會，瀝乾水分。
3：將 1 的馬鈴薯，與 2 一起放入鍋內，加入美乃滋拌勻，再
　　加鹽巴調味。
4：吐司兩片為一組，夾入 3 做為內餡，再切成易入口的大
　　小。

# 高麗菜捲

以豬肉薄片取代豬絞肉，再搭配上滿滿的高麗菜。
將豬腿肉和豬五花切成薄片，是製作的要點之一。

## 材料：4 人分

高麗菜…12 片
洋蔥…1 顆
橄欖油…2 大匙
砂糖…1 小匙
豬腿肉切薄片…4 片
豬五花切薄片…4 片

干瓢…1 捲（約 60cm，加水泡發＊）
培根…2 片
水…4 杯
月桂葉…1 片
鹽…適量

＊干瓢是用來綁住並固定菜捲，若手邊沒有
　干瓢，可使用牙籤取代。

1：高麗菜一片片放入熱水汆燙，撈起放在篩子上瀝乾水分。
2：洋蔥切成薄片，橄欖油倒入平底鍋內熱鍋後，放入洋蔥拌
　　炒，炒至洋蔥上色後加入砂糖轉小火，煨至整體變成棕色
　　為止。
3：取 1 片高麗菜攤開於砧板上，疊上 1 片豬腿肉薄片，鋪上
　　另 1 片高麗菜，接著再疊上 1 片豬五花薄片，再鋪上 1 片
　　高麗菜（圖 a）後捲起。製作高麗菜捲的要領在於從厚的
　　菜根側捲向薄的菜葉側（圖 b），接著以干瓢綁起來（圖
　　c），或以牙籤固定。
4：培根切成末。
5：不放油，直接將培根放入鍋內，開火煏出油後，將培根末
　　撈起放置一旁。將 3 的高麗菜捲擺入鍋內，再放入 2 的洋
　　蔥、倒入分量的水及月桂葉，將剛剛取出的培根末放入鍋
　　內，燉煮 20 分鐘左右，再以鹽巴調味即完成。

a　　　　　　　b　　　　　　　c

叉燒豬肉三明治
＋
牛蒡濃湯

作法 p.56

炒蝦仁三明治

十

擔擔湯

作法 p.57

# 叉燒豬肉三明治

以洋蔥、醬油、五香粉製作而成的醬汁熬煮豬肉，
色香味一應俱全。可以一次多製作一些做為常備菜使用。

**材料：4 人分**

自製叉燒肉（容易製作的分量）
- 梅花肉 1 塊＊…400g
- 洋蔥…1/2 顆
- 大蒜…1 瓣
- 砂糖…2 大匙
- 醬油…2 大匙
- 五香粉…1 小匙

水…1/2 杯
醬油…1 大匙
砂糖…1 小匙
太白粉水…少許
水煮蛋…2 顆
萵苣…適量
山型吐司（切片）…8 片

＊如果有叉燒專用的棉繩，可以將梅
　花肉綁起來醃漬定型，但沒有的話
　也無妨。

1：將洋蔥、大蒜、砂糖、醬油、五香粉放入食物
　　調理機內拌勻，做成醃漬用的醬汁，接著和整
　　塊豬肉一起倒入保存容器或夾鏈袋內，放入冰
　　箱靜置一晚（圖 a）。
2：取出 **1** 內的豬肉，放入 200 度的烤箱，烤 40
　　分至 1 小時。以竹籤刺進烤好的肉塊，如果流
　　出透明的肉汁就表示 OK 了（圖 b）。
3：將 **1** 的醬汁倒入鍋內，加入分量的水開中火，
　　煮至沸騰後熄火，撈除浮沫，再加入醬油、砂
　　糖調味，接著以太白粉水勾芡。
4：將 **2** 的叉燒切成 8 片薄片備用（圖 c）；水煮
　　蛋也切成片。
5：將吐司放入烤箱中烤一下，取兩片為一組，先
　　在一片吐司疊上萵苣、叉燒、水煮蛋、再淋上
　　醬汁，最後蓋上另一片吐司即完成。

a

b

c

# 牛蒡濃湯

以豆漿取代牛奶，製作口感滑順的湯品。
加鹽的豆漿若過度加熱，會產生分離狀，
所以請食用前再加熱。

**材料：4 人分**

牛蒡…1/2 根　　水…2 杯
馬鈴薯…2 顆　　無糖豆漿…1 杯
長蔥…1 根　　鹽…少許
麻油…1 大匙　　炸洋蔥絲（市售）…少許

1：牛蒡削皮後切成約 5mm 厚的斜片；馬鈴薯去皮後切成
　　約 1 至 2cm 厚的片狀；長蔥切成小段。
2：麻油倒入鍋內熱鍋後，放入長蔥爆出香味，接著倒入分
　　量的水、牛蒡、馬鈴薯拌炒後，撈除浮沫，將蔬菜煮至
　　變軟為止。
3：將 **2** 倒入食物調理機內打成泥狀。
4：將 **3** 連豆漿一起倒入鍋內開小火，再以鹽巴調味。
5：將湯品盛入碗中，撒上炸洋蔥絲即完成。

# 炒蝦仁三明治

帶點辣味的炒蝦仁與炒蛋組合，光看就十分美味。
分量十足與吐司也非常搭。

**材料：4 人分**

甜蝦…12 隻（去頭、帶殼）
長蔥…1 根（約 10cm 長）
生薑…1 節
大蒜…1/2 瓣
番茄…2 顆
豆瓣醬…多於 1 小匙
番茄醬…2 大匙
醬油…1 又 1/2 大匙
太白粉水…少許
雞蛋…2 顆
鹽…少許
麻油…1 又 1/3 大匙
苜蓿芽…適量
山型吐司（切片）…8 片

**1：**甜蝦去殼並挑出腸泥，放入鹽 1/2 小匙、1 匙太白粉（皆為分量外）充分搓揉後洗淨，擦去水分。長蔥粗切小段，生薑、大蒜切成末；番茄切成 1 至 1.5cm 的丁狀。

**2：**1 小匙麻油倒入平底鍋內熱鍋，加入長蔥、生薑、大蒜拌炒，再加入豆瓣醬待炒出香味後，放入蝦仁拌炒。

**3：**加入番茄、番茄醬、醬油（圖）稍加煮過，加入太白粉水勾芡。

**4：**將蛋液拌勻加入鹽巴，取 1 大匙麻油倒入另一個平底鍋內熱鍋，再倒入蛋液製作炒蛋。

**5：**吐司取兩片為一組，依序夾入苜蓿芽、3 的炒蝦仁、4 的炒蛋即完成。

# 擔擔湯

熬煮出絞肉的香濃，再加上味噌風味，是道美味的中華湯品。
還可以加入豆腐，創造出意想不到的好滋味。

**材料：4 人分**

豬絞肉…100g
長蔥…1 段（約 10cm 長）
生薑…1 節
金針菇…1 包
木棉豆腐…1/2 盒
味噌…1 大匙
醬油…2 大匙
白芝麻醬…3 大匙
醋…1 小匙
水…4 杯
蝦米…1 小撮
鹽…少許
榨菜（瓶裝，切成小塊）…數片
水菜（略切）…適量
辣油…少許

**1：**長蔥、生薑分別切成末；金針菇去除根蒂，切成 1cm 長的小段；豆腐依線切開。

**2：**將味噌、醬油、白芝麻醬、醋充分拌勻。

**3：**不需放油，直接放入豬絞肉乾炒出油脂，加入長蔥、醬油爆香，待豬絞肉熟透炒出香味後，倒入分量的水、與金針菇一起燉煮。

**4：**煮至沸騰後撈除浮沫，倒入 2，把蝦米、豆腐也一起下鍋（圖），煮至沸騰後以鹽巴調味熄火。

**5：**將湯品盛入碗中，點綴上榨菜和水菜，再依個人喜好加入辣油即完成。

**使用熱狗麵包**

# 鹹牛肉炒高麗菜三明治

＋

# 番茄冷湯

作法 p.60 · 61

a

材料：**4 人分**

鹹牛肉（容易製作的量）

牛瘦肉（牛前腰脊肉或胸肉，切成兩塊）…500g

水…250ml

鹽…25g

粗粒黑胡椒…2 小匙

月桂葉…1 片

丁香…3 個

大蒜（搗碎）…1 瓣

芹菜（葉子部分）…1/2 根

洋蔥…1/4 顆（粗切）

高麗菜…1/4 顆

橄欖油…1 大匙

鹽、粗粒黑胡椒…少許

熱狗麵包（橄欖油款）…4 個

# 鹹牛肉炒高麗菜三明治

以調味料將牛瘦肉醃漬成美味的鹹牛肉。

冷藏可以放 4 天，冷凍可以保存 1 個月。

可預先做一些備用。

**1：**製作鹹牛肉：在分量的水中放入鹽、粗粒黑胡椒、月桂葉、丁香後煮至沸騰熄火，放涼後與牛肉、大蒜一起倒入保存容器或夾鏈袋內，放入冰箱靜置 3 至 4 天使其入味（圖 a）。

**2：**取出 **1** 的牛肉靜置於水中 30 分鐘，將鹽分洗淨。醃料中的月桂葉、丁香、大蒜，則取出放置一旁不要丟掉。

**3：**將 **2** 放入鍋內，再倒入稍微蓋過食材的水量，接著將剛剛的月桂葉、丁香、大蒜，還有芹菜、洋蔥一起放入鍋內（圖 b），以小火煮 1 小時左右，在煮的過程中要隨時保持充足的水量。

b      c      d

**4：**整鍋煮好後取出月桂葉，將材料倒入食物調理機內，加入 3 大匙燉煮好的醬汁（圖 c），稍微打散成牛肉醬（圖 d）。

**5：**橄欖油倒入鍋內熱鍋後，放入切成絲的高麗菜拌炒，加入鹽、粗粒黑胡椒調味。

**6：**由吐司的側面切開，夾入高麗菜、鹹牛肉即可完成。

# 番茄冷湯

以蔬菜末與番茄汁組合而成帶有西班牙風味的湯品。
橄欖油部分建議使用帶有香氣的初榨橄欖油。

### 材料：4 人分

番茄…1 顆
洋蔥…1/4 顆
西洋芹…1 段（約 10cm）
彩椒（黃色）…1/2 顆
小黃瓜…1 條
無鹽番茄汁…50ml
醋…1 大匙
鹽…少許
橄欖油…1 大匙

**1：**番茄切成 1cm 的丁狀；洋蔥切成末靜置於水中一會，再瀝乾水分；西洋芹、彩椒、小黃瓜分別切成末。

**2：**將 **1** 放入碗內，倒入番茄汁拌勻，加入醋調味，最後倒入橄欖油即完成（圖）。

# 酪梨＆辣肉醬三明治

＋

# 馬鈴薯濃湯

作法 p.64

# B.L.T.E 三明治

＋

# 地瓜濃湯

作法 p.65

a　　　　　　b

# 酪梨 & 辣肉醬三明治

使用辣椒粉製作的辣肉醬，與酪梨非常搭。
且使用一人半顆的酪梨用量，創造出分量感。

**材料：4 人分**

辣肉醬
- 綜合絞肉…300g
- 洋蔥…1 顆
- 水煮番茄（罐頭）…1/2 罐
- 水…1 杯
- 辣椒粉…2 大匙
- 鹽…少許

酪梨…2 顆
熱狗麵包（橄欖油款）…4 個

**1**：製作辣肉醬：洋蔥切成 1cm 丁狀。

**2**：直接將絞肉和洋蔥放入鍋內拌炒，不必放油，將絞肉炒散後再放入水煮番茄，以耐熱刮刀將番茄搗碎（圖 a），倒入分量的水拌勻，加入辣椒粉（圖 b），煮至水分收乾，再以鹽巴調味。

**3**：酪梨切半（圖 c），取出籽與去除外皮後，切成易入口的大小。

**4**：將麵包從側面對切切開，放入烤箱稍微烤一下，接著夾入酪梨、辣肉醬做為餡料後，斜切成一半即完成。

c

# 馬鈴薯濃湯

以簡單的食材，製作出喝不膩的湯品。
直接感受馬鈴薯的美味是最大的特色。

**材料：4 人分**

馬鈴薯…3 顆
洋蔥…1/2 顆
橄欖油…1 大匙
水…適量
牛奶…2 杯
鹽…適量

**1**：馬鈴薯去皮後切成 1cm 厚；洋蔥略切成塊。

**2**：橄欖油倒入鍋內熱鍋後，放入洋蔥爆香，再加入馬鈴薯稍微翻炒一下，倒入略高過食材的水量（約 1 又 1/2 杯），蓋上鍋蓋轉中火，將馬鈴薯燉至變軟為止。

**3**：將 **2** 倒入食物調理機內，拌成泥狀。

**4**：將 **3** 倒入鍋中，加入牛奶加熱，再以鹽巴調味即完成。

\* 譯註:「B.L.T.E 三明治」是經典美式風格的傳統三明治,B 指培根（Bacon）、L 指生菜（Lettuce）、T 指番茄（Tomato）、E 則是蛋（Egg）。

# B.L.T.E 三明治 *

豬五花薄片撒上辛香料,烤成自製培根。
是一吃就會上癮的美食。

### 材料:4 人分

豬五花薄片…4 片
豬肉用辛香料
- 鹽…1 小匙
- 粗粒黑胡椒…1 小匙
- 多香果粉（或肉豆蔻粉）…1 小匙
- 芹菜粉…1 小匙

萵苣…1/2 顆
番茄…2 顆
雞蛋…4 顆
橄欖油…1 小匙
熱狗麵包（橄欖油款）…4 個
黃芥末醬…少許
美乃滋…適量

**a**      **b**

**1**：直接將豬五花肉放入平底鍋中,不必放油,再均勻撒上豬肉用辛香料（圖 a）,以中火烤至兩面上色為止（圖 b）。

**2**：萵苣以手撥成片;番茄切成薄片;橄欖油倒入鍋內加熱,打入雞蛋煎成荷包蛋。

**3**：將麵包從側面對切切開,放入小烤箱稍微烤一下,抹上黃芥末醬,依序鋪上萵苣,抹上美乃滋、疊上番茄、及 **2** 的培根、荷包蛋,再蓋上麵包即完成。

# 地瓜濃湯

喝一口就能品嚐出地瓜和洋蔥的香甜。
地瓜連皮一起料理,是本書的獨家配方。

### 材料:4 人分

地瓜…1 條
洋蔥…1/2 顆
橄欖油…1 大匙
水…適量
牛奶…2 杯
鹽…少許

**1**：把地瓜洗淨,連皮切成 1cm 厚;洋蔥略切成塊狀。

**2**：橄欖油倒入鍋內熱鍋後,放入洋蔥爆香,加入地瓜稍微翻炒,倒入略高過食材的水量（約 1 又 1/2 杯）,蓋上鍋蓋轉中火,將地瓜燉至變軟為止。

**3**：將 **2** 倒入食物調理機內,拌成泥狀。

**4**：將 **3** 倒入鍋中,加入牛奶加熱,再以鹽巴調味即完成。

番茄＆莫札瑞拉起司帕里尼

＋

蛤蜊巧達濃湯

作法 p.68

# 紐澳良烤雞三明治

**＋**

# 蔬菜 & 豆子湯

作法 p.69

# 番茄 & 莫札瑞拉起司帕里尼

使用鑄鐵條紋鍋烤製,是製作帕里尼的鐵則。
如果沒有烤網的話,也可以用平底鍋製作。

**材料:4 人分**

番茄…2 顆
莫札瑞拉起司(mozzarella)…1 塊
羅勒…8 片
鹽、粗粒黑胡椒…各適量
熱狗麵包(橄欖油款)…4 個

**1:**番茄略為去籽後切成薄片;莫札瑞拉起司對切後切成薄片。

**2:**將麵包從側面對切切開,依序疊放莫札瑞拉起司、番茄、羅勒,再撒上鹽、粗粒黑胡椒後蓋上麵包(圖 a)。

**3:**將 2 放於鑄鐵條紋鍋上,再押上鍋蓋(或是如同鍋蓋重的蓋子)烤出兩面烤痕(圖 b),再以對角斜切即完成。

a　　　　　　　　　　　　　　　　　b

# 蛤蜊巧達濃湯

以蛤蜊鮮甜所熬煮出的湯汁,讓人一喝就微笑。
葡萄籽油所製作的白醬是美味的關鍵。

**材料:4 人分**

蛤蜊…16 顆
洋蔥…1 顆
芹菜…1 根
胡蘿蔔…1/2 條
馬鈴薯…2 顆
大蒜…1 瓣
蘑菇…5～6 朵

菠菜…1/2 把
白醬
├ 麵粉…3 大匙
│ 葡萄籽油(如果沒有的話,
│ 可以改用橄欖油)…2 大匙
└ 牛奶…2 又 1/2 杯
高湯…2 杯
鹽…適量

**1:**蛤蜊吐沙後,連殼洗淨。

**2:**洋蔥、芹菜切成 2cm 的丁狀;胡蘿蔔、馬鈴薯各自去皮後,切成 2cm 的丁狀;大蒜磨成泥;蘑菇去根蒂後對切。

**3:**菠菜放入熱水中汆燙一下,取出瀝乾,再切成易入口的大小,並擰乾剩餘水分。

**4:**製作白醬:轉中火預熱平底鍋,倒入麵粉、葡萄籽油,以耐熱刮刀拌勻,再加入些許牛奶拌勻。

**5:**高湯倒入鍋內,加入 2 開火,煮至蔬菜熟透後放入蛤蜊,待蛤蜊的殼打開後,立刻將蛤蜊撈出備用。

**6:**在湯鍋內加入 5 拌勻,以鹽巴調味,再將蛤蜊放回鍋中,加入 3 煮至沸騰即完成。

# 紐澳良烤雞三明治

以紐澳良香料和鹽水醃製雞肉，是此料理美味的要訣。
由於先醃漬過一晚，只要稍微烤過，吃起來就能香嫩可口。

**材料：4 人分**

雞胸肉…2 片
紐澳良香料＊…1 大匙
水…2 大匙
鹽…1 小匙
橄欖油…1 小匙
萵苣…適量
紫色洋蔥（切薄片）…1/4 顆
熱狗麵包（橄欖油款）…4 個

＊紐澳良香料：市售綜合香料的一
　種，如果要自行調製的話，可使
　用紅椒粉、卡宴辣椒粉、大蒜
　粉、披薩草粉、百里香粉、粗粒
　黑胡椒等依個人喜好調配。

**1：** 取材料中的鹽和水，調和成鹽水；將雞肉、鹽水、
　　紐澳良香料放入塑膠袋內，去除袋內空氣後，將袋
　　口綁起來，接著搓揉塑膠袋使其入味，靜置於冰箱
　　一晚（圖 a）。
**2：** 橄欖油倒入鍋內後熱鍋，將 **1** 放入鍋內，雞皮面朝
　　下，轉中火煎熟雞肉，但不要使其烤焦。待烤至八
　　分熟時翻面（圖 b），以中
　　火烤至兩面上色，雞肉熟透
　　為止，再切成易入口的大小。
**3：** 將麵包從側面對切切開，放
　　入烤箱稍微烤一下，再將萵
　　苣、**2** 的雞肉、紫色洋蔥片
　　夾入做為餡料即完成。

**a**

**b**

# 蔬菜＆豆子湯

有如帶著鹽味的白色義大利雜菜湯。
與帶點辣味的紐奧良烤雞三明治非常搭。

**材料：4 人分**

洋蔥…1/2 顆
芹菜…1/2 根
櫛瓜…1/2 顆
大頭菜…1 顆
大頭菜菜葉…1 顆分
鴻喜菇…1/2 包

水…4 杯
月桂葉…1 片
大蒜（拍成泥狀）…少許
沙拉用綜合豆子
　（罐頭或鋁袋裝）…150g
鹽…少許
橄欖油…適量

**1：** 洋蔥、芹菜、櫛瓜各別切成 1cm 的丁狀；大頭菜去皮
　　後切成 1cm 的丁狀；大頭菜菜葉略切成段；鴻喜菇去
　　除根蒂分成小株。
**2：** 1 大匙橄欖油倒入鍋內後熱鍋，放入 **1** 大頭菜菜葉以外
　　的食材拌炒，再倒入分量的水、月桂葉、大蒜、綜合豆
　　子拌炒至蔬菜變軟為止。
**3：** 加入大頭菜菜葉，再以鹽巴調味。
**4：** 將湯品盛入碗中，滴入少許的橄欖油即完成。

炸雞柳三明治
+
青豌豆濃湯
作法 p.72

嫩煎胡蘿蔔、櫛瓜三明治
＋
鹹豬肉＆白腰豆湯
作法 p.73

## 炸雞柳三明治

**先醃漬一晚入味後再油炸，製作出肉嫩多汁的雞柳。**
**並以咖哩風味誘發食慾。**

材料：4 人分

雞柳…4 條

雞肉調味
```
┌ 鹽…少於 1 小匙
│ 水…1 大匙
└ 咖哩粉…1/2 小匙
```

裹粉
```
┌ 雞蛋…1 顆
│ 麵粉…3 大匙
│ 咖哩粉…1 小匙
└ 水…1 大匙
```

油炸用油…適量

萵苣（切成絲）…4 片

番茄（切薄片）…2 小顆

美乃滋…少許

熱狗麵包（橄欖油款）…4 個

**1：**雞柳醃漬前可先剔筋增加口感，接著在塑膠袋中加入雞肉的調味料，將雞肉充分搓揉使其入味，並放入冰箱靜置一晚。

**2：**製作裹粉：將雞蛋於碗內打散後，加入麵粉、咖哩粉、分量的水後拌勻。

**3：**將 **1** 放入 **2** 內（圖 a），將油炸用油熱至 180 度左右後，放入雞柳以中火炸至熟透（圖 b）。

**4：**將麵包從側面對切切開，夾入萵苣、淋上美乃滋，放入番茄和 **3** 的炸雞柳做為餡料即完成。

a　　　　　　　　　　b

## 青豌豆濃湯

**以冷凍青豌豆、馬鈴薯、洋蔥所製成的綠色湯品。**
**不需費太多功夫立即就能完成，是此湯品的一大優點。**

材料：4 人分

青碗豆（冷凍）…250g

馬鈴薯…1 顆

洋蔥…1/2 顆

橄欖油…1 大匙

水…1 又 1/2 杯

牛奶…2 杯

鹽…適量

**1：**馬鈴薯去皮切成 1cm 厚；洋蔥略切成塊。

**2：**橄欖油倒入鍋內熱鍋後，加入洋蔥爆香，再放入馬鈴薯拌炒，接著倒入分量的水，燉煮至馬鈴薯變軟後，直接放入冷凍的青碗豆，以中火煮至熟透。

**3：**將 **2** 倒入食物調理機內，拌成糊狀。

**4：**將 **3** 倒入鍋內，加入牛奶加熱，再以鹽巴調味即完成。

# 嫩煎胡蘿蔔、櫛瓜三明治

以橄欖油煎胡蘿蔔與櫛瓜,創造出香甜又可口的單純美味。
小茴香的香味更是撲鼻而來。

**材料:4 人分**

胡蘿蔔…1 條
櫛瓜…1 條
橄欖油…適量
鹽…1/2 小匙
茴香粉…1/4 小匙
熱狗麵包(橄欖油款)
　…4 個

**1**:胡蘿蔔去皮,依著長邊先對切一半,再切成厚 5mm 的
　　條狀;櫛瓜也切成與胡蘿蔔條相同大小。
**2**:將 1 大匙橄欖油倒入鍋內熱鍋,放入 **1** 拌炒,炒至食材
　　上色,撒上鹽、茴香粉繼續拌炒(圖)。
**3**:將麵包從側面對切切開,放入烤箱稍微烤一下。在麵包
　　切口處抹上 1 小匙橄欖油後,疊上 **2**,再切成易入口的
　　大小。

# 鹹豬肉 & 白腰豆湯

在鹹豬肉和白腰豆的絕佳組合中,加入鼠尾草調味讓美味再升級。
鹹豬肉放在冷凍庫能保存約 5 天左右,可以一次先多做一些備用。

**材料:4 人分**

鹹豬肉*…200g
乾燥白腰豆…100g
　(以水煮泡發**)
洋蔥…1 顆
橄欖油…1 大匙
水…2 又 1/2 杯
鼠尾草…1 枝
牛奶…1 又 1/2 杯
鹽…少許

＊鹹豬肉作法:以梅花肉一塊(約 300g)撒上 15g 鹽的比
　例,放入塑膠袋內充分搓揉後,放入冰箱靜置一晚。
＊＊水煮泡發白腰豆:將乾燥白腰豆放入水中靜置一晚,連水
　倒入鍋中開大火煮至沸騰後撈除浮沫,再轉小火煮 30 分鐘
　左右。也可以直接使用水煮的白腰豆罐頭來替代。

**1**:鹹豬肉切成 2cm 丁狀(圖);洋蔥切成 1cm 丁狀。
**2**:橄欖油倒入鍋內加熱後,放入 **1** 拌炒,炒至鹹豬肉表
　　面上色後,加入分量的水,煮至沸騰後撈除浮沫。
**3**:加入白腰豆和鼠尾草,以小火煮至白腰豆軟嫩為止。
**4**:倒入牛奶煮至沸騰後熄火,再以鹽巴調味即完成。

# 起司漢堡

＋

# 玉米巧達濃湯

作法 p.76 · 77

材料：**4 人分**

漢堡肉
┌ 綜合絞肉…300g
│ 洋蔥…1/2 顆
│ 橄欖油…少許
│ 麵包粉…1 又 1/2 大匙
│ 牛奶…2 大匙
│ 鹽…少於 1 小匙
│ 蛋液…1/2 顆
└ 粗粒黑胡椒…少許

橄欖油…適量
洋蔥…1/2 顆
萵苣…4 片
番茄…1 個
酸黃瓜…4 小條
起司片…2 片
熱狗麵包（奶油款）…4 個

# 起司漢堡

將漢堡肉排配合麵包的外型塑成橢圓形後，
放上烤盤煎至微焦，再放入烤箱烤一下就會多汁又美味了。

a

b

c

# 玉米巧達濃湯

**使用絞肉、馬鈴薯、奶油玉米醬罐頭與冷凍玉米。**
**是一道帶有滑順奶油味的湯品。**

材料：**4 人分**

雞胸絞肉…100g
洋蔥…1/2 顆
馬鈴薯…1 顆
橄欖油…1 大匙
水…1 又 1/2 杯
月桂葉…1 片
奶油玉米醬（罐頭）…200g
玉米粒（冷凍品或罐頭）…50g
牛奶…1 又 1/2 杯
鹽…少許

**1：** 洋蔥切成末；馬鈴薯去皮切成 1cm 的丁狀。

**2：** 橄欖油倒入鍋中，放入雞胸絞肉、洋蔥後開火炒香，待雞胸絞肉炒至小塊狀時，加入分量的水、月桂葉、馬鈴薯，炒至馬鈴薯變軟為止。

**3：** 倒入奶油玉米醬拌勻後（圖），再加入玉米粒和牛奶煮至沸騰，以鹽巴調味即完成。

**1：** 製作漢堡肉：洋蔥切成末，加入橄欖油拌炒後放涼。麵包粉加入牛奶拌成麵糊。

**2：** 將絞肉和鹽巴放入碗內拌成黏稠狀。再加入 **1**、蛋液、粗粒黑胡椒後拌勻，分成四等分依麵包大小捏成橢圓型（圖 a）。

**3：** 將 **2** 放入條紋烤盤上（也可以抹上一些橄欖油用平底鍋煎）烤至兩面上色（圖 b），再移入 200 度的烤箱內烤 15 分鐘左右。

**4：** 橄欖油倒入平底鍋內熱鍋後，放入切成 1cm 厚的洋蔥，炒至兩面微焦。萵苣葉剝成小片；番茄切成薄片；酸黃瓜斜切成片；起司對半切。

**5：** 將麵包從側面對切切開，放入烤箱稍微烤一下。依序夾入萵苣、洋蔥、漢堡肉、起司、酸黃瓜、番茄（圖 c）做為內餡。食用時再依個人喜好加入番茄醬、黃芥末醬（分量外）。

簡易版香腸熱狗
＋
優格冷湯

作法 p.80

**手作可樂餅三明治**

十

**雜煮湯**

作法 p.81

# 簡易版香腸熱狗

以絞肉、洋蔥再加上辛香料，製作出沒有外皮的香腸。
可放入夾鏈袋內冷凍起來，怎麼搭配都好吃。

### 材料：4 人分

香腸的材料
- 綜合豬絞肉…200g
- 豬瘦肉絞肉…200g
- 洋蔥（磨成泥）…1/4 顆
- 鹽巴…1 小匙
- 鼠尾草粉…1/2 小匙
- 粗粒黑胡椒…1/2 小匙
- 辣椒粉（或一味粉）…少許

高麗菜…1/8 顆
鹽、粗粒黑胡椒…各少許
橄欖油…適量
番茄醬、黃芥末醬…各適量
熱狗麵包（奶油款）…4 個

**1**：製作香腸：將香腸的材料全部放入碗內，搓揉至黏稠狀（圖 a）。再分成四等份，並各別以保鮮膜包起來，整塑出香腸的形狀，待冷卻後放入冰箱靜置一晚（圖 b）。

**2**：將 1 小匙橄欖油倒入平底鍋後熱鍋，取出 **1**，去除保鮮膜後放入鍋中煎至香腸上色為止（圖 c）。

**3**：高麗菜切成絲；與 1 大匙橄欖油倒入鍋內拌炒，接著撒上鹽、粗粒黑胡椒。

**4**：從麵包上端切出開口，放入烤箱內稍微烤一下，夾入高麗菜絲、香腸，淋上番茄醬、黃芥末醬即完成。

a　　　b　　　c

# 優格冷湯

以蒔蘿的香味製作出順口的沙拉湯。
另一大特色是不需動用爐火，動手作立刻就能完成。

### 材料：4 人分

小黃瓜…1 條
洋蔥…1/8 顆
蒔蘿…1 枝
無糖優格…300g
水…3/4 杯
鹽…1 小匙～ 1 又 1/2 小匙
橄欖油…少許

**1**：小黃瓜切成小塊的薄片，撒上鹽巴（分量外）以手搓揉，脫去水分。

**2**：洋蔥切成末放入水中靜置一會，再將水份瀝乾；蒔蘿切成末。

**3**：將優格倒入碗內，倒入分量的水、再放入 **1**、**2** 的食材後充分拌勻，再加入鹽巴調味。最後加入一點橄欖油即完成。

材料：**4 人分**

可樂餅的材料
┌ 馬鈴薯…3 顆
│ 豬絞肉…300g
│ 洋蔥（切成末）…1/2 顆
│ 橄欖油…少許
│ 鹽…1 小匙
└ 粗粒黑胡椒…少許

麵衣
┌ 小麥粉、蛋液、麵包粉…各適量
└ 油炸用油…適量

芥末奶油
┌ 芥末醬…3 小匙
└ 奶油（放置常溫中）…20g

高麗菜（切成絲）…適量
炸豬排醬…適量
熱狗麵包（奶油款）…4 個

# 手作可樂餅三明治

將可樂餅與高麗菜絲這帶點懷舊滋味的組合放入三明治內。
可樂餅以油鍋炸一下，酥酥脆脆的口感讓美味加倍。

**1：**製作可樂餅：洗淨馬鈴薯，連皮蒸熟，趁熱剝除外皮後，放入碗內搗成泥。

**2：**豬絞肉和洋蔥以橄欖油拌炒，以鹽、粗粒黑胡椒調味。

**3：**將 **1** 放入 **2** 內拌勻，分成四等分，依麵包的形狀塑整成橢圓形。

**4：**調和小麥粉、蛋液、麵包粉做成油炸麵糊，將 **3** 包裹麵衣，放入 180 度的油溫中炸成金黃色後起鍋。

**5：**麵包由側面切開，放入蒸籠裡蒸 3 分鐘左右（圖）；將芥末奶油的材料混合拌勻。

**6：**取出蒸好的麵包，在切口處抹上芥末奶油，夾入高麗菜絲和可樂餅，最後淋上醬汁即完成。

# 雜煮湯

以根莖類蔬菜和豆腐製作出營養滿分的和風湯品。
昆布高湯和醬油的香味，能讓身心都得到撫慰。

材料：**4 人分**

香菇乾…1 片
昆布…1 段（約 5cm 長）
水…4 杯
白蘿蔔…1 段（約 5cm 長）
胡蘿蔔…1 段（約 5cm 長）
蓮藕…1 段（約 5cm 長）
牛蒡…1 段（約 10cm 長）
芋頭…1 顆
長蔥…1 段（約 10cm 長）
蒟蒻…50g
木棉豆腐…1/2 盒
小松菜…2 根
醬油…3 大匙
鹽…適量
白芝麻…適量

**1：**香菇乾和昆布放入分量的水中，放置 1 至 2 個小時泡發後，將香菇乾取出切成薄片。

**2：**白蘿蔔、胡蘿蔔、蓮藕去皮切成 5mm 厚的扇形；牛蒡削皮後，斜切成 5mm 厚；長蔥切成 1cm 寬；蒟蒻切成 5mm 厚，再放入水中煮一下去鹼。

**3：**將 **1** 的高湯（昆布和水）倒入鍋中開火，煮至沸騰後取出昆布。加入 **1** 的香菇片、以及 **2** 除了長蔥以外的食材，邊煮邊將浮沫撈除，煮至蔬菜變軟為止，再放入長蔥。

**4：**木棉豆腐剝碎加入鍋內煮熱（圖），再加入醬油、鹽巴進行調味。將小松菜切成 2 至 3cm 長，放入鍋中煮至沸騰。

**5：**將湯品盛入碗中，撒上芝麻即完成。

# 越南版燒肉三明治

## ＋

# 豆腐＆西洋菜湯

作法 p.84．85

# 越南版燒肉三明治

牛肉以魚露調味後放入平底鍋中拌炒，
再以新鮮的菜葉與帶有香氣的蔬菜一起夾入三明治內。

**材料：4 人分**

薄片牛肉　200g
牛肉調味
┌ 檸檬皮（無臘、磨成泥）⋯1/2 顆
│ 大蒜（磨成泥）⋯1/2 瓣
│ 魚露⋯2 大匙
└ 砂糖⋯2 大匙

醋拌涼菜
┌ 白蘿蔔⋯1 段（約 10cm 長）
│ 胡蘿蔔⋯1 段（約 10cm 長）
│ 砂糖⋯1 大匙
└ 醋⋯1 ～ 1 又 1/2 大匙
橄欖油⋯少許
陽光萵苣⋯4 片
綠紫蘇、薄荷、羅勒、香菜⋯各少許
熱狗麵包（麻油款）⋯4 個

a

b

c

**1：** 牛肉切成易入口的大小後放入碗內，加入牛肉的調味料，
以手搓揉拌勻（圖 a），靜置一會。

**2：** 製作醋拌涼菜：將白蘿蔔、胡蘿蔔各自去皮，切成 2cm
寬的長條狀，撒上 1 小匙（分量外）鹽後以手搓揉脫水，
再將水份瀝乾，接著放入碗內，加入砂糖、醋拌勻。

**3：** 橄欖油倒入平底鍋內熱鍋，加入 **1**，炒至牛肉上色為止
（圖 b）。

**4：** 麵包由側面對切，放入烤箱稍微烤一下，將陽光萵苣剝成
小片，夾入麵包，再依序放入綠紫蘇、醋拌涼菜、薄荷、
羅勒、和 **3** 的炒牛肉（圖 c），最後以香菜點綴即完成。

# 豆腐&西洋菜湯

**以豬絞肉的甜味為基底，再使用魚露和鹽調味。**
**清爽的口感，美味的西洋菜，讓人一喝就愛上。**

**材料：4 人分**

木棉豆腐…1/2 盒
西洋菜…2 把
鴻喜菇…1/2 包
長蔥…1 段（約 10cm 長）
生薑…1 節
豬絞肉…100g
水…4 杯
魚露…2 大匙
鹽…適量

**1：** 豆腐切成 1cm 的丁狀；西洋菜去除根部後切成末；鴻
喜菇去除根蒂後分成小朵；生薑切成末。

**2：** 鍋內不需放油，直接放入絞肉、長蔥、生薑後開火拌
炒，炒至絞肉成為小塊狀後，加入分量的水和鴻喜菇燉
煮，一邊將浮沫撈除。

**3：** 鴻喜菇熟透後，加入豆腐、再以魚露、鹽巴調味。

**4：** 最後加入西洋菜（圖），熄火即完成。

中式雞肉沙拉＆酪梨三明治
＋
玉米濃湯
作法 p.88

**番茄炒蛋三明治**

**十**

**排骨燉蘿蔔湯**

作法 p.89

a

# 中式雞肉沙拉＆酪梨三明治

以帶有甜味的醬油燉煮雞肉和洋蔥，
搭配上酪梨可說是絕佳組合，是一款吃了會上癮的料理。

**材料：4 人分**

雞胸肉…1 片
洋蔥…1/2 顆
青蔥…少許
砂糖…2 大匙
醬油…3 大匙
醋…1 大匙
麻油…1 大匙
酪梨…2 顆
熱狗麵包（麻油款）…4 個

**1：** 將水煮開，放入雞胸肉煮 1 分鐘左右，再蓋上鍋蓋熄火，靜置到溫度降低為止。待鍋內溫度降低後，將雞肉剝成絲（圖a）；鍋內的水可做為高湯使用，不用倒掉。

**2：** 洋蔥切成薄片後放入水中靜置一會，再瀝乾水份；青蔥切成小段。

**3：** 將 **1** 放入碗內，加入洋蔥、砂糖、醬油、醋後搓揉使其入味（圖 b），加入麻油、青蔥拌勻。

**4：** 酪梨對切成半，去除內籽與外皮後切成薄片。

**5：** 麵包由側面對切，放入烤箱稍微烤一下；將酪梨片接續排列於麵包上，放上雞肉沙拉即完成。

b

**材料：4 人分**

奶油玉米醬（罐頭）…200g
玉米粒（冷凍品或罐頭）…50g
麻油…1 大匙
長蔥…1 段（約 10cm 長，切成末）
生薑（切成末）…1 節
雞汁高湯…3 杯
鹽…1/2 ～ 1 小匙
太白粉水…少許
蛋液…1 顆

# 玉米濃湯

利用製作雞肉沙拉時的湯汁做為湯頭，一下就能完成。
再加上太白粉水勾芡、及加入蛋液以創造滑順的口感。

**1：** 麻油倒入鍋內後熱鍋，加入長蔥、生薑拌炒，倒入雞汁高湯煮至沸騰後加入奶油玉米醬調勻。

**2：** 加入玉米粒，煮至沸騰後加入鹽巴調味。

**3：** 以太白粉水勾芡，將蛋液畫圓倒入，待蛋液凝固後熄火即完成。

# 番茄炒蛋三明治

一款中式風味的點心,先去除番茄籽,再將其與雞蛋一起拌炒收乾水份,
最後夾入麵包內就是美味的中式三明治了。

**材料:4 人分**

番茄⋯2 顆
雞蛋⋯4 顆
牛奶⋯2 大匙
鹽⋯1/2 小匙
麻油⋯2 大匙
熱狗麵包(麻油款)⋯4 個

1:番茄對切後去籽(圖),再略切成塊。
2:雞蛋打入碗內,加入牛奶、鹽拌勻。
3:麻油倒入平底鍋內後熱鍋,倒入 **2**,以橡膠刮刀拌散,
　 煮至半熟時加入 1 的番茄一起拌炒至收乾水分。
4:麵包由側面對切,將 **3** 夾入做為內餡即完成。

# 排骨燉蘿蔔湯

以小火慢燉將排骨與蘿蔔的鮮甜熬煮入味。
只使用鹽和蠔油簡單調味。

**材料:4 人分**

排骨⋯500g(＊小段肋排)
白蘿蔔⋯1 段(約 20cm 長)
長蔥⋯1 段(約 10cm 長,
　 只取綠色部分)
生薑⋯1 節
水⋯1L
蠔油⋯1 大匙
鹽⋯1 小匙

＊選購小段肋排,或是購買時請肉
　攤幫忙剁成易入口的長度。

1:將排骨放入裝滿熱水的鍋內煮 3 分鐘左右,再撈起排骨,
　 以清水洗淨。
2:白蘿蔔去皮,切成 5cm 厚的扇形,並將邊角處削成圓角。
3:長蔥橫切成一半;生薑切成 3 片。
4:將 **1**、**2**、**3** 放入鍋內、加入分量的水開火煮至沸騰,再
　 將長蔥、生薑撈起後轉小火,在不煮滾的火候之下,將
　 白蘿蔔煮至變軟為止。
5:加入蠔油、鹽巴調味即完成(圖)。

# 法式小餐包的
# 作法

將基本麵團揉成圓形，
從正中央處輕壓塑形，再放入烤箱烤製。
外型有點類似法國餐包，但尺寸較小。
顏色接近白麵包是一大特色。

作法 p.92 ～ 93

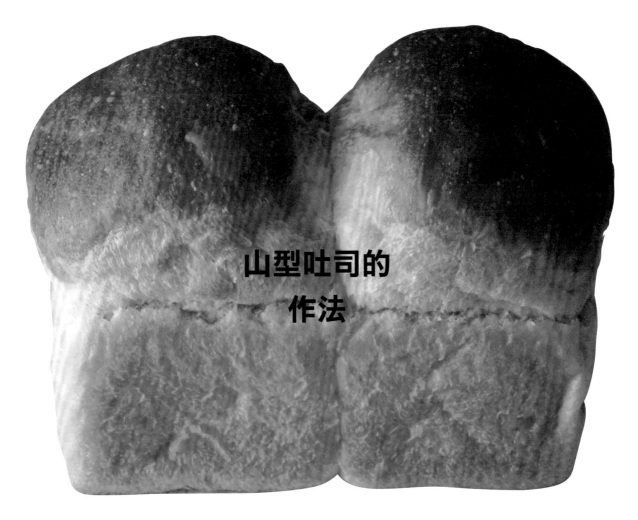

# 山型吐司的
## 作法

將基本麵團放入磅蛋糕模內烤一下就 OK 了。
不蓋上蓋子，讓麵包自然烤出山型的外觀。
帶有吐司清爽口感與香味是美味的要點。

作法 p.92 ～ 93

## 法式小餐包、
## 山型吐司的作法

材料：法式小餐包 **6** 個或山型吐司 **2** 個

日產麵粉*…400g
鹽…4g（約麵粉重量的 1%）
細砂糖（或是日式洗雙糖）…12g
　　（約麵粉重量的 3%）
以星野丹澤酵母菌種製成的天然酵母…24g
　　（約麵粉重量的 6%）
　　（譯註：亦可使用一般自製天然酵母）
水…216g（約麵粉重量的 54%）
* Fluffy 使用江別製粉的香麥麵粉
　　（譯註：可使用高筋麵粉代替）。

## ↘ 基本麵團的作法

**1**　將鹽、細砂糖、水、天然酵母依序倒入量杯後充分拌勻。

**4**　從碗內取出麵糊，以掌心將麵團揉至平滑。

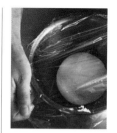

**7**　將盆子以保鮮膜包起來，放在 25 ～ 28 度的溫度中（恆溫的空間或烤箱內）靜置 4 小時 30 分至 5 小時 30 分。

**2**　麵粉倒入碗內，再將 **1** 倒入碗內。

**5**　約揉 15 分鐘左右。
※ 搓揉時不要太過用力，因為採用「一次發酵法」，所以需要比較長的發酵時間。

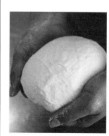

**8**　待其膨脹至兩倍大後即完成。「一次發酵」結束。

**3**　以軟刮刀攪拌均勻，拌至呈現帶點水狀的麵糊為止。

**6**　將麵團滾圓，把麵團收口處朝盆子底部放。

## 以星野丹澤酵母菌種，製作天然酵母的方法
（容易製作的分量）

**a**　星野丹澤麵包酵母菌種（粉末），可在有機食品店或網路商店購買。

**b**　準備 30 度溫水（以溫度計測量），水量為 **a** 麵包酵母菌種的兩倍。

**c**　將麵包酵母菌種和溫水倒入玻璃容器內，以叉子確實攪拌。

**d**　以保鮮膜包起來，從表面處挖一個孔洞，放在 30 度的溫度中（恆溫的空間或烤箱內）靜置 22 小使其發酵。

**e**　放入冰箱內再靜置一晚即完成。放在冰箱內可保存一個月左右，但使用前要充分拌勻。

※ 以上作法是本書作者 Fluffy 自創的秘訣，連「星野丹澤麵包酵母菌種」的商品包裝上都沒有提及。

## ↘ 法式小餐包

**9** 取出 **8** 的麵團，以切麵刀切割，不用刻意壓掉氣孔。

**10** 分成 6 等份（每份約 100 ～ 110g）。

**11** 將分割之後的麵團滾圓，把收口捏緊朝下放。

**12** 蓋上扭乾的溼布避免乾燥，放在 25 度的室溫下鬆弛約 20 分鐘左右。

**13** 輕輕撒上手粉（材料以外的素材），由上往下將麵團壓圓。

**14** 在麵團正中央處壓下筷子稍微擀平。

**15** 兩端捏合，再修飾整形一下。

**16** 烤盤上鋪上烤盤紙後，將麵團依序排好並撒上薄薄一層麵粉（分量外），放入預熱 200 度的烤箱，烤 15 ～ 20 分鐘左右。

## ↘ 山型吐司

**9** 在磅蛋糕模（長 16× 寬 8.5× 高 6.5cm）的內側，刷上一層薄薄的橄欖油。

**10** 取出 **8** 的麵團，以切麵刀切成四等份（每份約 160g），不用刻意壓掉氣孔。

**11** 將分割之後的麵團滾圓，把收口捏緊朝下放。

**12** 蓋上扭乾的溼布避免乾燥，放在 25 度的室溫下鬆弛約 20 分鐘左右。

**13** 再次滾圓，把收口處朝下放。

**14** 將塑型整好的麵團兩個兩個放入 **9** 的磅蛋糕模內，放在 30 度的溫度中（恆溫的空間或烤箱內），靜置 40 至 60 分鐘左右二次發酵。過程中可以噴霧器輕撒些水份於麵團上。

**15** 待麵團上緣膨起超過模具，即可準備進爐，接著在烤盤上鋪上烤盤紙，將磅蛋糕模排好，放入預熱 200 度的烤箱，烤 15 ～ 20 分鐘左右。

**16** 烤好後，戴上隔熱手套取出吐司。

# 熱狗麵包的
# 作法

將麵團搓揉成細長的橢圓形放入烤箱，就是可口的熱狗麵包了。
基本款是橄欖油原味，也可改變素材變化成奶油款、麻油款。
簡簡單單就能完成 3 種不同風味的麵包。

**材料：熱狗麵包 5 個**

日產麵粉*⋯300g
鹽⋯3g（約麵粉重量的 1%）
以星野丹澤酵母菌種製成的天然酵母⋯18g
　（約麵粉重量的 6%，作法參照 p.92）
　（譯註：亦可使用一般自製天然酵母）
水⋯144g（約麵粉重量的 48%）
橄欖油⋯9g（約麵粉重量的 3%）
＊ Fluffy 使用江別製粉的香麥麵粉
　（譯註：可使用高筋麵粉代替）。

**加入不同食材，
即可做成不同款式：**

例如奶油款，加入無鹽奶油
（常溫）9g 或麻油款，加入
麻油 9g（均約為麵粉重量的
3%）。

**如果不立刻進爐烤製的話
放在冰箱冷藏低溫發酵也 OK**

　　將揉好的麵團放入塑膠袋內，
並將袋內的空氣擠出後封緊袋口，
放在常溫中 30 分鐘至 1 小時使其發
酵，可保存在冰箱內，並於 2 至 3
天內烤製完畢即可。

　　麵團從冰箱中取出時，先直接
放在塑膠袋內於常溫中靜置約 2 至
4 小時，使其完成發酵。再分割、
整形⋯⋯常溫完成發酵後與一般製
作麵包的方法相同。

**1**　將鹽、水、天然酵
母依序倒入量杯內後充
分拌勻。

**2**　麵粉倒入碗內，倒
入橄欖油（或依口味改
為奶油或麻油）再將 **1**
倒入碗內。

**3**　以軟刮刀攪拌均
勻，拌至呈現帶點水狀
的麵糊為止。

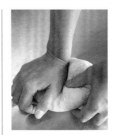

**4**　從碗內取出麵糊，
以掌心將麵團揉至平
滑。約揉 15 分鐘左右。
※ 搓揉時不要太過用
力。

**5**　將麵團滾圓，把
麵團收口處朝盆子底部
放，將盆子以保鮮膜包
起來，放在 25 至 28 度
的溫度中（恆溫的空間
或烤箱內）靜置 4 小時
30 分至 5 小時 30 分。

**6**　待其膨脹至兩倍大
後即完成。第一次發酵
結束。

**7**　取出麵團，以切麵
刀分成 5 等份（每份約
90g），不用刻意壓掉
氣孔。

**8**　將分割後的麵團滾
圓，再捏成雞蛋狀（橢
圓形）。

**9**　把收口處朝下放，
蓋上扭乾的溼布避免乾
燥，放在 25 度的室溫
下鬆弛約 20 分鐘左右。

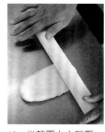

**10**　從麵團上方輕壓，
再以橄麵棍從正中央
處，由上而下將麵團推
開，輕壓成手掌大的橢
圓形。

**11**　在烤盤上鋪上烤盤
紙，依序將麵團排好，
放在 35 度的溫度中（恆
溫的空間或烤箱內），
靜置 40 至 60 分鐘左右
二次發酵。過程中可以
噴霧器輕撒些水份於麵
團上。

**12**　待麵包膨起，呈現
有些厚度時，即表示發
酵 OK。放入預熱 200
度的烤箱，烤 15 至 20
分鐘左右即完成。

# 1 三明治＋1 湯＝一人份的幸福早、午餐提案
## Fluffy のサンドイッチとスープ

| | |
|---|---|
| 作　　者 | 奧村香代（おくむら・かよ） |
| 譯　　者 | 方嘉鈴 |
| 責任編輯 | 莊雅雯 |
| 封面設計 | 劉佳華 |
| 內頁排版 | 張靜怡 |
| 行銷企劃 | 呂佳蓁、卓詠欽 |

| | |
|---|---|
| 發 行 人 | 許彩雪 |
| 出 版 者 | 常常生活文創股份有限公司 |
| E - m a i l | goodfood@taster.com.tw |
| 地　　址 | 台北市 106 大安區建國南路 1 段 304 巷 29 號 1 樓 |

| | |
|---|---|
| 讀者服務專線 | 02-2325-2332 |
| 讀者服務傳真 | 02-2325-2252 |
| 讀者服務信箱 | goodfood@taster.com.tw |
| 讀者服務專頁 | https://www.facebook.com/goodfood.taster |

| | |
|---|---|
| 法律顧問 | 浩宇法律事務所 |
| 總 經 銷 | 大和圖書有限公司 |
| 電　　話 | 02-8990-2588（代表號） |
| 傳　　真 | 02-2290-1658 |

| | |
|---|---|
| 製版印刷 | 凱林彩印股份有限公司 |
| 初版一刷 | 2016 年 10 月 |
| 定　　價 | 新台幣 320 元 |
| I S B N | 978-986-93655-2-9 |

國家圖書館出版品預行編目（CIP）資料

1 三明治＋1 湯＝一人份的幸福早、午餐提案／
奧村香代作；方嘉鈴譯 . -- 初版 . -- 臺北市：
常常生活文創, 2016.10
96 面；20×21 公分
ISBN 978-986-93655-2-9（平裝）
1. 食譜　2. 飲食
427.1　　　　　　　　　　　　　　105018114

Art Direction: Syuzo Akihara
Book-design: Mitsuko Wasada
Photography: Taku Kimura [Tokyo Ryouri Shashin]
Styling: Kyoko Hijioka
Proofreading: Setsuko Yamawaki
Editing: Kyoko Matsubara, Kaori Asai [BUNKA PUBLISHING BUREAU]
Publisher of Japanese edition: Sunao Onuma